社会でがんばるロボットたち ②

災害現場や探査でがんばるロボット

すずき出版

はじめに

東京大学名誉教授
佐藤 知正（さとう・ともまさ）

　ロボットは、人や動物のような生物に似たはたらきをする機械です。人や動物は、体を動かして地球上のいたるところで活動しています。ロボットも生物同様、体をもっており、その体を動かすことではたらき、社会のいろいろなところで活やくしています。

　ロボットのはたらく"場所"は、工場や農場、家庭、介護施設や病院にかぎらず、災害現場や海や宇宙にもあります。ロボットの"形"は、動物や人の形、人が身につける形から、将来的には肩に乗ったり、体にうめこまれるものもあらわれるでしょう。また、ロボットの"大きさ"としては、建物そのものがロボットだったり、大陸をまたいで資源を採取・輸送する巨大なロボットや、宇宙エレベーターのように宇宙規模ではたらく大きなロボットシステムの構想もあります。ロボットの"はたらき"は、産業用として物を作ったり運んだり、家庭でそうじや会話をしたり、人を見守ったり癒したり、力や知恵を貸すばかりでなく、将来は人間のなかまとして、多くのロボットが協調して社会づくりを支援してくれるでしょう。

　このシリーズを通じて、ロボットが社会でがんばるすがたを知り、まず興味をもってください。そのうえでぜひとも、実際のロボットにさわり、そのはたらきに感動し、ロボットを使いこなす人になってください。ロボットのもつ力を存分に発揮させることができたら、いろいろな人によろこばれますよ。また可能なら、ロボットを作ってください。ロボットを作れば、人や動物がいかにすぐれたはたらきをしているかがよくわかります。作り知ることは楽しいことですよ。最後に、そのロボットによって、社会をよい方向に変えてください。ロボットによる社会変革（ロボットイノベーション）は、日本ができる重要な国際貢献です。みなさんの今後に期待しています。

もくじ

- はじめに ……………………………………………………………………… 2
- ロボットとくらす時代がやってきた!! …………………………………… 4

パート1 人間に近づき、人間を超えるロボット …………………… 7

- 人間のように「感じる」ためのロボット技術 センサー ……………… 8
- 人間のように「考える」ためのロボット技術 人工知能(AI) ………… 10
- 人間のように「動く」ためのロボット技術 アクチュエーター ……… 12
- **コラム** ロボット開発は、人間を知る手がかりになる ……………… 14

パート2 災害現場や探査でがんばる、いろいろなロボット ……… 15

- 重機操作ロボット アクティブロボSAM ……………………………… 16
- 災害対応ロボット 櫻壱號 ………………………………………………… 20
- 空からの調査や災害現場で役立つロボット 災害救助対応ドローン … 24
- 深海探査ロボット うらしま ……………………………………………… 28
- 月面探査ロボット SORATO ……………………………………………… 32
- 小惑星探査ロボット はやぶさ2 ………………………………………… 36
- **コラム** はなれた場所から、ロボットを操作する方法 ……………… 40

パート3 海や宇宙、空でがんばるロボットの未来 ………………… 41

- 海洋探査の未来 …………………………………………………………… 42
- 宇宙開発の未来 …………………………………………………………… 43
- ドローン活用の未来 ……………………………………………………… 44
- **コラム** まちがまるごとロボットになる!? …………………………… 45
- 調べてみよう! …………………………………………………………… 46
- さくいん …………………………………………………………………… 47

ロボットとくらす

今、世界中で、いろいろなロボットが開発されています。日本のロボット開発もとても進んでいて、もうすでに、わたしたちのまわりで、たくさんのロボットたちがはたらいています。まんがやアニメに出てくるような、人型ロボットだけでなく、見ただけではロボットだと思わないけれど、人間の役に立っているロボットもいます。ロボットは社会のいろいろなところでがんばっているのです。

工場などで
がんばるロボットたち

3巻で
しょうかいするよ

農場などで
がんばるロボットたち

3巻で
しょうかいするよ

時代がやってきた!!

災害現場や宇宙・海などでがんばるロボットたち

2巻でしょうかいするよ

ぼくのなかまがいっぱいいるんだよ

ドキドキしちゃう

わくわくするね！

家庭の中などでがんばるロボットたち

1巻でしょうかいするよ

介護施設や病院などでがんばるロボットたち

1巻でしょうかいするよ

わたしたちといっしょにロボットに会いに行こう!!

2巻でしょうかいするロボットたち

© コーワテック株式会社

© 千葉工業大学 未来ロボット技術研究センター

© 株式会社 日本サーキット

© 国立研究開発法人 海洋研究開発機構（JAMSTEC）

1 アクティブロボ SAM（サム）
2 櫻壱號（さくらいちごう）
3 災害救助対応ドローン（さいがいきゅうじょたいおう）
4 うらしま
5 SORATO（ソラト）
6 はやぶさ2（ツー）

© 株式会社ispace

イラスト：池下章裕

人間のように「感じる」ためのロボット技術

センサー

ロボットには、目的のちがう2種類のセンサーがある

ロボットに使われるセンサーは、大きくわけると、
1. 自分のことを知るためのセンサー
2. まわりのようすを知るためのセンサー

の2種類があります。

1 ロボットが自分のことを知るためのセンサー

ロボット体内センサー（内界センサー）ともいいます。自分の体がどのくらいかたむいているのか、手や足が上がっているのか下がっているのか、といったロボット自身のことを感じ取るためのセンサーがたくさん使われています。車輪型のロボットは、車輪が何回転したのかを計算して、移動距離やスピードを知ることができます。これも、ロボット体内センサーのはたらきによります。

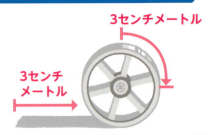

車輪の回転数で、距離を測る

車輪の回転の速さで、スピードを測る

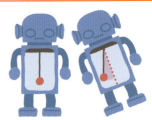

センサーの角度のずれで、体のかたむきなどを測る

人間は、目で見て、物の形がどうなっているのか、どのくらいの距離なのかなどがわかります。そして、耳で聞くことで、まわりの音やほかの人のことばなどがわかります。こうした人間の目や耳などにかわるものが、ロボットのセンサーといわれる装置です。

2 ロボットがまわりのようすを知るためのセンサー

　外界センサーともいいます。ロボットが自由に、そして安全に動きまわるためには、まわりにどんな物があるのか、かべなどがどこにあるのか、ロボット自身からどのくらいの距離にあるのか、などを知る必要があります。まわりのようすを正しく知ることで、かべにぶつかったり、みぞに落ちたりすることをふせぎ、安全に動きまわることができるのです。外界センサーには、マイクなどを使って音を感じ取るセンサーや、人間の肌と同じように何かにふれていることを感じ取るセンサーなどもあります。

赤外線センサー

　赤外線という光を出して物にあて、その赤外線がもどってくる時間を測り、物との距離などを計算します。また、その物の形をとらえることができます。

超音波センサー

　超音波という音（振動）を出して物にあて、その振動がもどってくる時間を測り、物との距離などを計算します。また、その物の形や状態などの情報を受け取ることができます。

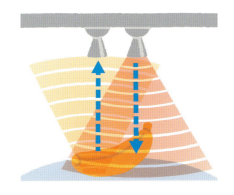

カメラ

　カメラを使ってまわりのようすを写し取り、どこにどんな物があるのかをつかみます。人間の顔をおぼえるロボットも、カメラを使っています。

人間のように「考える」ためのロボット技術

人工知能（AI）

人工知能でどうやって考えるの？

ロボットにとって、人工知能は人間の脳と同じです。さまざまなセンサーによって、❶情報を入手（感じる）❷情報を分析（考える）❸動作を命令（動く）します。

情報を入手　　　情報を分析　　　動作を命令

　1巻でしょうかいした「ロボットそうじ機」を例に説明しましょう。

　ロボットそうじ機が、2センチメートルまでの段差なら乗りこえられるけれど、2センチメートルよりも高い段差は乗りこえられないとします。ロボットそうじ機は、いろいろなセンサーで、自分の行く先に段差があることをつかみます。つぎに、その段差の高さを分析して、2センチメートルより低ければ、人工知能が「そのまま進め」と命令を出します。その命令が車輪に伝わり、ロボットそうじ機は、そのまま段差を乗りこえます。もし、段差が2センチメートルよりも高いときには、「段差の前で止まり、バックしろ」と命令を出すのです。

人間は、目や耳で自分のまわりのようすをつかみ、行動をします。やってきた友だちを見て、「あっ、モエちゃんだ」と頭の中で判断し、「モエちゃん、こんにちは」とあいさつをしますよね。

ロボットも同じです。いろいろなセンサーでまわりのようすがわかったら、そのようすに合わせて、つぎにどう動くべきかを考えます。多くのロボットは、考える役割をコンピュータがしていました。最近では、コンピュータがさらに進化した人工知能（AI）がその役目をすることもふえています。

人工知能の特ちょうって、何？

人工知能とは、進化したコンピュータといってもいいかもしれません。たとえば、これまでのコンピュータでは、人間のことばを理解することはできませんでしたが、人工知能はことばを理解して、適した返事や応対ができます。また、「学習」といって、人工知能がこれまでに経験したことを記憶していて、以前にはできなかったことが、できるようになったりもします。

これまでのコンピュータとくらべると、さらに人間の脳のように考えることができるのが、人工知能の特ちょうだといえるでしょう。

人間は脳で考える

ロボットの脳は、コンピュータチップでできている

人間のように「動く」ためのロボット技術
アクチュエーター

ロボットはどうやって動くの？

ロボットの腕や足を動かす方法は、いくつかあります。よく使われる方法としては、電気でモーターを動かす電磁式があります。そのほかに、油を使った油圧式や、空気を使った空気圧式などの方法があります。

電磁式モーター

電磁式モーターは、身のまわりにあるいろいろな物にも使われています。家庭で使う電動歯ブラシも、小さな電磁式モーターなどで動いています。ラジコンカーを作ったことがあれば、見たことがあるかもしれませんね。電気のエネルギーでモーターを回して、その回転する力を利用して、ロボットを動かすのです。

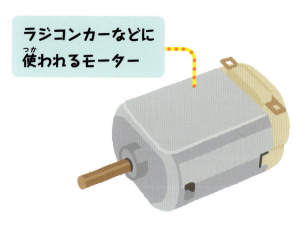

ラジコンカーなどに使われるモーター

ここにモーター

ここにモーター

人間は、足を使って移動したり、腕を使って物を動かしたり、また、頭を動かして顔の向きを変えたり、腰を使ってかがんだりします。これは、筋肉のはたらきによってできます。ロボットの場合、人間の筋肉にあたる部分のことをアクチュエーターといいます。体を動かす動力のしくみのことです。ロボットの場合には、目的によって、腕の動きだけをそなえたロボットや、移動のための動きをそなえたロボットなど、いろいろなタイプのロボットがいます。

油圧式／空気圧式

　1巻でしょうかいした「マッスルスーツ」や、この巻でしょうかいする「アクティブロボSAM」などでは人工筋肉が使われています。人工筋肉は、ゴムのように伸び縮みして動力を生み出します。空気を入れたり出したりすることで、大きな力を作り出す空気圧式アクチュエーターや、空気のかわりに油を入れたり出したりして、力を作り出す油圧式アクチュエーターなどがあります。

人工筋肉の伸び縮みで指を動かす

ロボットの動くパーツには、小型の電磁式モーターがたくさん使われている

　人型ロボットが、腕や足、頭などを自由に動かすことができるのは、それぞれのパーツに、小型の電磁式モーターなどが入っているからです。これらのモーターが入っていないと、人工知能が命令を出しても、ロボットは動かすことができません。
　小さなロボットであってもたくさんのモーターが使われています。

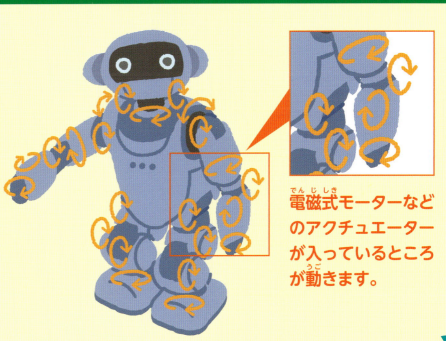

電磁式モーターなどのアクチュエーターが入っているところが動きます。

コラム
ロボット開発は、人間を知る手がかりになる

先生、ロボットを開発することが、人間を知る手がかりになるって、どういうことですか？

ロボットを動かすためには、人間や動物の動きの意味を知ることが大事なんだ。

ロボットを作って、そのロボットに人間と同じようによろこびやかなしみをあらわす動きをさせたいと思ったら、まずは人間がどのような動きで、よろこびやかなしみをあらわすかを知ることが大切なんだ。たとえば、ダンサーが踊りだけでよろこびやかなしみをあらわすときに、どんな動きをするのかがわかれば、その動きをロボットにさせることで、人間が見て理解できる、よろこびやかなしみの動きをするロボットを作れるようになるんだよ。つぎのロボットを見てごらん。

① 手を上げて、顔を上に向ける動き

②手を下げて、顔を下に向ける動き

　実際にこのロボットを作って、いくつかの動作をさせ、その動きがうれしそうか、かなしそうか、といったことを聞いてみたんだ。そうすると、①のロボットのように手を上げて、顔を上に向ける動きでは、元気によろこんでいるように見えるとこたえた人が多く、ぎゃくに、②のように手を下げて、顔を下に向ける動きをすると、かなしそうだとこたえる人が多かったんだよ。人間や動物などが、動きによってよろこびやかなしみをあらわすときには、その動きの速さや大きさ、長さなどによっても、見る人の感じかたが変わることも、ロボットにさせてみることで、よりくわしくわかったんだ。
　このように、実際にロボットを作ってみることで、人のよろこびやかなしみの動きをたしかめることができ、人間についてより深く知ることができるんだよ。

14

重機操作ロボット アクティブロボ SAM

お話をしてくれた方
コーワテック株式会社　小松 智広さん

★の写真は、
©コーワテック株式会社
(P16-19)

　災害現場では、ショベルカーなどの、重機といわれる自動車型の機械を使って、がれき（こわれた建物から出る木材やコンクリートなど）や土砂を取りのぞくことが必要になります。そこで使われる重機を、人間にかわって操縦するのが、アクティブロボSAMです。

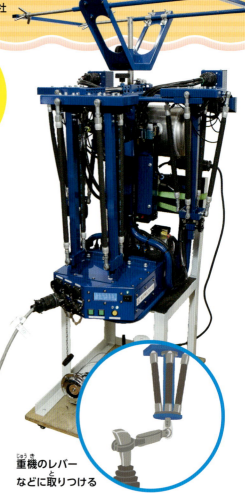

重機のレバーなどに取りつける

アクティブロボ SAM のお仕事

　アクティブロボSAMを、ショベルカーなどの重機の操縦席において、操縦レバーなどにつなぎます。人間は遠くから無線通信でアクティブロボSAMに指示を出し、重機を動かします。災害現場などでは、作業中に事故が起きる危険があるので、人間は安全な場所から操縦します。

★ショベルカーを操縦中！

どんなことができるんだろう？

● さまざまな重機を自在に動かす

ショベルカーやブルドーザーなどは、運転手が運転席に座って、いろいろなレバーなどを使って動かします。

でも、人間が乗りこんで操縦しなくても、アクティブロボSAMを乗せた重機は、はなれたところから動かすことができます。

アクティブロボSAMは、無線通信でつながっているコントローラーを人間が操作することで、重機を操縦することができます。ラジコンカーと同じしくみです。

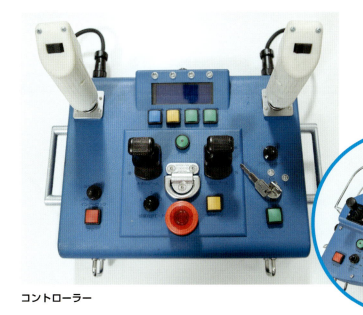
コントローラー

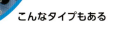
こんなタイプもある

実際の重機のレバー位置と似てる配置のコントローラーを使うんだって

● すばやく重機につながる

災害現場では、少しでも早く作業をはじめる必要があります。そのため、短い時間で、すばやくアクティブロボSAMを重機につなぐことが大切です。アクティブロボSAMは、重機の操縦席の上にそのままおくことができるので、レバーなどにつなぐための時間が短くてすみます。

どうしてそんなことができるのかな？

🔴 人工筋肉が、前後左右にレバーを操作するから

人工筋肉

　アクティブロボSAMには、人工筋肉が使われています。ショベルカーは、おもにレバーなどを使って、ショベルを動かしますが、それらのレバーにアクティブロボSAMの人工筋肉をつなげることで、前や後ろ、右や左に自在にレバーを動かすことができるのです。

人工筋肉が
いっぱい！

● 作業中の振動が大きくても、正確に動くから

アクティブロボSAMは、1つのレバーに2つの人工筋肉を取りつけて、レバーを操作します。人工筋肉は振動に強いので、操縦席にそのままおいても、まちがった操作などをせず、正しく動きます。

また、空気の力で動かすので、空気の量をふやしたり、へらしたりすることで、細かい動きもコントロールできます。

でこぼこの場所でも振動に強い

小松さんに聞きました!!

Q どうして、アクティブロボSAMを作ったんですか?

A 災害現場の近くにあるふつうの重機をすぐに使うためです。
人間が乗って操縦すると危険があるような災害現場で使うために、最初からラジコン操作できるように作られた重機もあります。でも、国内にそう多くはないので、災害現場に移動させるのがたいへんなのです。人間が操縦するふつうの重機はどこにでもあるから、そうした重機がアクティブロボSAMをつなぐだけで動かせるようになれば、すばやく作業ができて、たくさんの人を助けることができるんです。そのために、アクティブロボSAMを開発しました。

災害対応ロボット 櫻壱號

お話をしてくれた方
千葉工業大学　未来ロボット技術研究センター　西村 健志さん

★の写真は、
© 千葉工業大学
未来ロボット技術研究センター（P20-23）

地下街などで災害が起きたときに、その災害現場の状況を調べるために開発されたQuinceという探査ロボットを、もっと高性能にしたのが、櫻壱號です。災害でこわれた原子力発電所などでの探査をとくいとしています。原子力発電所は内部がせまく、階段なども多いので、走る性能にすぐれたロボットが必要なのです。

宇宙人みたい！

ふしぎな形のタイヤだね

櫻壱號のお仕事

でこぼこ道で走行実験

原子力発電所が災害でこわれると、放射性物質という危険な物質がもれることがあるので、人間が入ることはできません。また、災害によってこわれかけた建物も、人間が中に入るのは危険です。櫻壱號は、そうした場所で、人間のかわりに放射能の強さや建物の破損状況などを調べます。

どんなことができるんだろう？

● 災害現場を自在に動きまわる

階段も
のぼりおり
できる

人間では歩くことがむずかしいようながれきの山でも、動きまわることができます。階段ののぼりおりもできます。

ガンバレ！

● 電波のとどかない場所でも、通信ケーブルで指示を受ける

櫻壱號は、電波がとどくところでは、電波を使って指示を受けますが、通信ケーブルという電線も使うことができます。電波のとどかない災害現場では、おもに通信ケーブルを使って、人間の指示を受けて動きまわるのです。

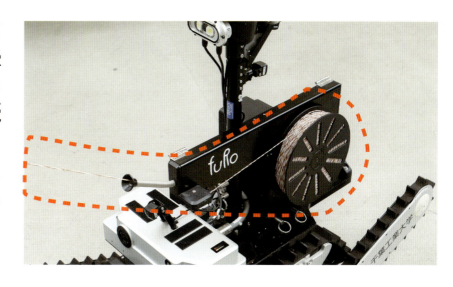

● 計測機械を使って、災害現場の状況を調べる

櫻壱號は、災害現場でどんな探査をするのかに合わせて、計測機械を積みかえることができるので、必要な情報をたくさん集めることができます。

計測機械を
取りかえ
られるよ

どうしてそんなことができるのかな？

● 6 クローラー（キャタピラ）型で、走る性能が高いから

櫻壱號には、左右合わせて2つの大きなメインクローラーと、4つの小さなサブクローラーがついています。ふつうのタイヤでは階段などは走れません。櫻壱號はこれらのクローラーを使って、がれきを乗りこえたり、階段をのぼりおりすることができるのです。

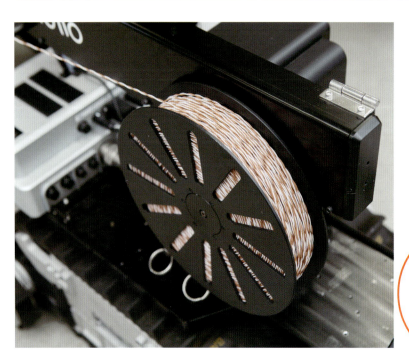

これがメインクローラー

これがサブクローラー

● 長い通信ケーブルがあるから

櫻壱號には、通信ケーブルがついており、その通信ケーブルを出し入れしながら動きまわります。ケーブルは300メートルもの長さがあり、大きな建物の中でもすみずみまで動きまわれます。

とっても長いケーブルなんだね

● カメラやマイクなどが取りつけられているから

櫻壱號には、放射能の強さを測る計測機械や温度計、ガスを調べる機械などを積むことができます。探査したい目的に合わせて、計測機械を取りかえられるので、いろいろなことを調べられます。また災害現場の状況を撮影するカメラや、物音などを聞き取るためのマイクもついています。スピーカーもついているので、もし災害現場で救助を求める人を見つけたときは、はげましたり、状況をたずねることもできます。

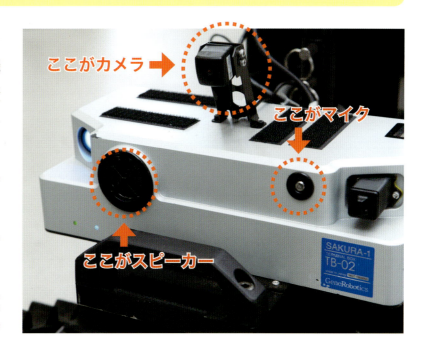

西村さんに聞きました!!

Q 通信ケーブルがからまったりしないんですか？

A からまることもありますよ。でも、だいじょうぶ。もしからまっても、櫻壱號には非常に長い通信ケーブルがついているので、ケーブルを出しつづけて動くことができます。また、かべが厚くて電波のとどかない場所でケーブルが切れてしまったような場合には、2台目の櫻壱號が、動けなくなった櫻壱號のそばに行って、ロボットどうしが無線で通信しながら、操作することもできるんです。走る性能の高さと同じくらい、櫻壱號は通信の性能も高いんですよ。

空からの調査や災害現場で役立つロボット

災害救助対応ドローン

お話をしてくれた方

株式会社 日本サーキット　**酒井 哲広**さん

★の写真は、Ⓒ 株式会社 日本サーキット（P24-27）

　ドローンとは、人間が乗らずに、無線による操作によって飛ぶことができたり、自動で飛ぶことのできる飛行機のことです。災害救助対応ドローンは、災害のときにこまっている人を助けるための救命具を運んだり、災害現場の状況などを調べるときに、よく使われます。

6つもプロペラがついてるよ

災害救助対応ドローンのお仕事

　大雨などの災害で、土砂くずれを起こした場所のようすを調べたり、水害でこまっている人のために、浮き輪などの救命具を運んだりします。また、防災のために、災害が起きる危険がある場所を、空から調査することもあります。

火山を調査するようす

どんなことができるんだろう？

● きめられたコースを自動で飛ぶ

災害救助対応ドローンは、あらかじめ飛ぶコースや高さなどを設定すると、そのコースを自動で飛ぶことができます。はなれたところから、人間がコントローラーを操作して飛ばすこともできます。

● 災害現場の状況などを撮影する

災害救助対応ドローンにはカメラが取りつけられているので、災害現場がどのような状況なのかを、写真や動画で撮影することができます。

これがカメラ

● 必要な物を災害現場に運ぶ

水害でおぼれそうな人がいれば、そこに浮き輪を運んだり、自動体外式除細動器（AED）などの、救命のための機械を運ぶことができます。

ここに浮き輪を積むんだね

どうしてそんなことができるのかな？

● オートパイロットという技術を使っているから

災害救助対応ドローンには、オートパイロットという技術が使われています。オートパイロットとは、コンピュータを使って飛行コースや高さをプログラムするシステムのことで、人間がコントローラーで操作する必要がありません。

● プログラムやコントローラーで、カメラなどを操作できるから

災害救助対応ドローンに取りつけられたカメラを使って、どの場所で、どの方向にカメラを向けて写真や動画を撮影するのかを、あらかじめプログラムすることができます。飛行中に、コントローラーでカメラを操作することもできます。

この画面で飛ぶコースをきめるのね

コンピュータで飛ぶコースを設定

写真などを撮影する場所も設定

飛ぶ高さもきめられる

● 物を積んだりおろしたりする装置がつけられるから

災害救助対応ドローンには物を運ぶための装置があり、人にぶつかっても危険でないものなら、空からそのまま落とすことができます。救命のための機械などは、ウインチという装置を使って、ゆっくりとおろすこともできます。また、無線機とスピーカーが取りつけられているので、救助を待つ人をはげますことなどもできます。

 酒井さんに聞きました!!

Q 災害救助や防災のほかには、どんなことに使うんですか？

A 災害救助対応ドローンには、いろいろな使いかたがあります。

たとえば、建物を建てるときに必要な、測量という土地の位置や状態を調査する作業にも使います。古くなった橋などを調べて、どこがこわれやすくなっているかなど、コンクリートの状態を検査することもできます。また、特別なカメラを取りつけて、農作物の成長のようすを調べることもできるんですよ。

深海探査ロボット うらしま

お話をしてくれた方
国立研究開発法人海洋研究開発機構（JAMSTEC） 大美賀 忍さん

★の写真と図版は、© 国立研究開発法人海洋研究開発機構（JAMSTEC）(P28-31)

人間は乗らないのかな？

　地球の表面の約70パーセントは海です。深い海の中や海底がどうなっているのかは、まだわかっていないことも多く、いろいろな探査機を使って、調査や研究がおこなわれています。うらしまも、深海を探査するためのロボットです。深くもぐるほど、水圧が高くなったり、深海では光がとどかないなど、きびしい環境で活やくするくふうがたくさんあります。

うらしまのお仕事

　深海を調べるときは、まず、船の上から音波を使って、おおまかな海のようすを調べます。つぎに、うらしまが海にもぐり、深海のようすをくわしく調べたり、海底の地図を作ったりします。
　うらしまには、人間は乗りません。

どんなことができるんだろう？

● 自分でもぐって、海を探査し、自分でもどってくる

うらしまは、自律型の深海探査ロボットです。自律型というのは、だれかに操作されるのではなく、自分の力だけで動くことができることを意味します。

自分がどこにいるのかをつねに確認しながら、何かにぶつかりそうになると、自分でよけることができます。

● 深海を移動しながら、海底の地図を作る

うらしまは、海底に近いところを動きまわりながら、海底のくわしい地図を作ることができます。

海の浅い場所なら、海上からでも正確な海底の地図を作ることはできますが、海の深い場所では、海底まではとても遠いので、海上から正確な地図を作ることはむずかしいのです。うらしまは、深海でも、海底に近いところまでもぐることができるので、くわしい地図を作ることができます。

※説明のため、画像を加工しています

自分で障害物をよけるのね

どうしてそんなことができるのかな？

🔴 あらかじめプログラムを組みこんでいるから

うらしまには、慣性航法装置という機械がつけられているので、自分が今どこにいるかわかります。もぐる前に、コンピュータを使って、海の中のどこからどこまでを、どのように探査するかをプログラムするだけで、あとは自分で活動することができます。

うらしまは、いつでも音波を出していて、そのはねかえりの時間などから計算することで、海底や物との距離を測っています。また、自分がどのくらいのスピードで動いているのかがわかる装置もついています。

これが慣性航法装置

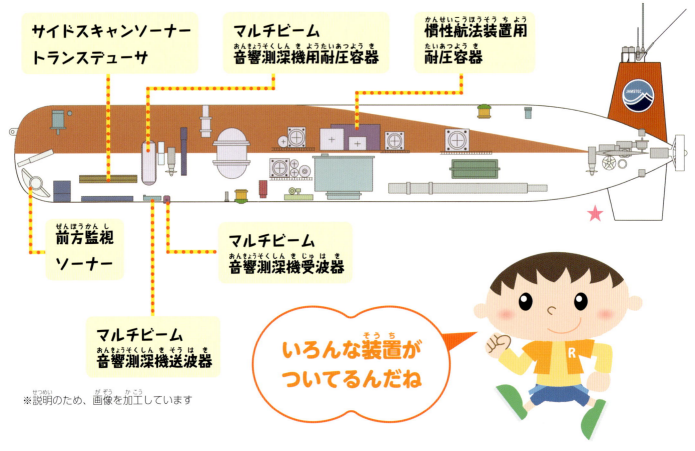

※説明のため、画像を加工しています

いろんな装置がついてるんだね

● サイドスキャンソーナーなど、さまざまな調査用の機器がついているから

　サイドスキャンソーナーとは、うらしまの側面についている装置で、そこから音波を出し、海底などにぶつかってもどってきた信号をとらえて画像を作り出します。これにより、海底がでこぼこしているようすなどがわかります。

　そして、マルチビーム音響測深機という装置を使って、海底の地図を作るのに必要な情報を集めます。

　また、うらしまは全長が約10メートルあって、ほかの深海探査ロボットより大きいので、調査の目的に合わせて、追加の調査機械を積みこむこともできます。

サイドスキャンソーナーで海底を調査

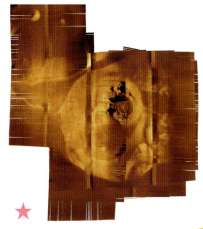

うらしまが作った、海底の地形がわかる地図

大美賀さんに聞きました!!

Q うらしまは、どのくらいの深さまでもぐれるんですか？

A 最大深度3500メートルまでもぐれます。
　うらしまがもぐれる最大深度は3500メートルですが、わたしたち海洋研究開発機構には、うらしま以外にもたくさんの探査機があります。一番深くもぐれるのは「しんかい6500」で、最大深度6500メートルまでもぐれます。
　でも、海の中でもっとも深い場所は、マリアナ海溝というところで、そこは約1万1000メートルもの深さがあるんですよ。

月面探査ロボット SORATO

お話をしてくれた方　株式会社ispace　秋元 衆平さん

★の写真は、
© Stocktrek Images/amanaimages
(P32-35)

　SORATOは、「Google Lunar XPRIZE」という世界初の月面探査レース（入賞チームには、賞金が出ます）に参加している日本のチームHAKUTOが開発したロボットです。2018年3月までに打ち上げられる予定のロケットに乗って、月に到着し、月面探査をおこなう予定です。

※2017年11月時点

これが月の上を走るんだ！

ぼくも月に行きたーい！

SORATOのお仕事

　SORATOは、地球から約38万キロメートルもはなれている月に向かって、ロケットに乗って出発します。月に到着したら、月の上を500メートル以上走行して、SORATOに積みこまれているカメラで月面のようすなどを撮影し、写真や動画を地球に送信します。

ここがカメラ

どんなことができるんだろう？

● 地球よりも走りにくい月の上を走る

月の表面は、レゴリスと呼ばれるパウダーのようなとても細かい砂でおおわれています。クレーターというでこぼこもたくさんあります。SORATOは、そんな月の表面で、レースできめられている500メートル以上という距離を走ることができます。

月の表面ってでこぼこだね！

● 月で撮影した写真や動画を地球に送る

SORATOには、本体の前後左右に、4台のカメラが取りつけられています。走りながら、これらのカメラを使って、月のいろいろなようすを撮影し、電波に乗せて、地球に送信することができます。

月から見た地球

地球が小さい！！

どうしてそんなことができるのかな？

● 四輪駆動だから

　SORATOは、4つの車輪を使って走ります。それらの車輪は、四輪駆動といって、4つの車輪すべてに駆動力を伝えて動かすしくみになっています。でこぼこした場所であっても、それぞれの車輪がしっかりと地面をつかむように設計されているので、車輪が空回りせずに走行できるのです。

車輪1つ1つにモーターがついている

● 車輪にグラウザーが取りつけられているから

　SORATOの車輪には、グラウザーというギザギザの羽根のようなものが取りつけられています。グラウザーが砂をかきわけることで、地球の砂よりも細かい砂でおおわれた月の上でも、しっかりと走行することができます。

この羽根がグラウザーだね！

● 地球から走行や撮影をコントロールできるから

　SORATOは、地球からのラジコン操作で月の上を走ります。赤外線センサーが取りつけられているので、自分で前方の障害物を見つけ、ぶつかりそうになると自動で停止することもできます。そして、写真や動画を撮影し、地球に送るための操作も地球からできます。宇宙空間では温度がマイナス270℃にもなり、月の上でもマイナス170℃から110℃までの温度差があります。また、カメラがこわれる原因になる放射線があるため、そのようなきびしい環境でも正しく動くカメラを開発し、取りつけています。

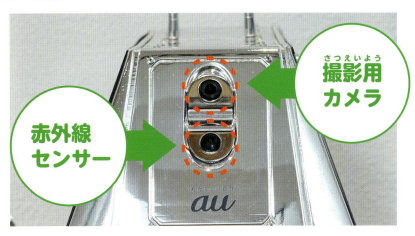

赤外線センサー　撮影用カメラ

秋元さんに聞きました!!

Q 月面探査レースってどんなレースですか？

A アメリカのGoogleという会社が支援し、XPRIZE財団という団体が開催する月面探査レースです。世界ではじめて開催されるんですよ。このレースでの経験をいかして、将来の宇宙開発などに役立てることが目的のレースなんです。このレースでは、3つの課題が設定されています。①月面に民間開発ロボット探査機を着陸させること、②着陸地点から500メートル以上移動すること、③写真や動画を地球に送信すること、です。これらの課題に一番早く成功したチームが優勝となります。SORATOは、このレースのために開発された月面探査ロボットなんですよ。

小惑星探査ロボット はやぶさ2

開発した方
国立研究開発法人宇宙航空研究開発機構（JAXA）

★の写真と図版は、©JAXA（P36-39）

はやぶさ2は、2010年6月に宇宙から地球へもどってきた「はやぶさ」につづく、小惑星探査ロボットです。2014年12月に打ち上げられ、2020年に地球にもどってくる予定です。その約6年の間、宇宙の探査をつづけています。

イラスト：池下章裕

地球を出発したはやぶさ2

はやぶさ2のお仕事

地球の成り立ちを研究するために、「リュウグウ」という名前の小惑星へ行き、さまざまなデータや物質を集めて、地球にもち帰ります。

これがはやぶさ2だ！

6年もかけて宇宙を調査するんだね

どんなことができるんだろう？

● 燃料の補給をしないで、約6年間も飛びつづける

宇宙では、燃料を補給することができません。ふつうのエンジンだと、多くの燃料を使うので、重くて積むことができません。また、空気がないので、燃料を燃焼させるふつうのエンジンは使えません。そのため、とちゅうで燃料の補給をしなくても動かすことのできる特別なエンジンを使って、飛びつづけます。

● 目的の小惑星に着陸して、データや物質をもち帰る

はやぶさ2に積みこまれた着地探査ローバーがリュウグウへ

はやぶさのときのイメージイラスト

はやぶさ2は、目的の小惑星リュウグウから、データや物質などをもち帰ります。リュウグウに着いたら、地表の石や砂などを採取し、特製の容器に入れて、地球までもち帰るのです。

● 宇宙空間やリュウグウなどを撮影する

まだ人間が行ったことのない宇宙のようすやリュウグウなどを撮影して、通信装置で地球に送ります。

ここがカメラ

どうしてそんなことができるのかな？

太陽電池パネルはおりたためるんだね

ここがイオンエンジン

● イオンエンジンを使っているから

はやぶさ2では、イオンエンジンが使われています。イオンエンジンは、太陽エネルギーを太陽電池パネルで集めて、電気エネルギーに変えることで、エンジンを動かすしくみなので、たくさんの燃料を積みこまなくても、長く飛びつづけることができます。

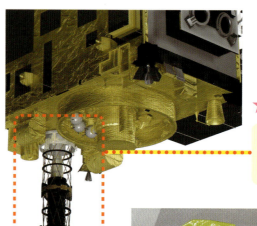

422.8 センチメートル

太陽電池パネルの長さは 422.8 センチメートル

● サンプル採取装置があるから

はやぶさ2には、着地探査ローバー「ミネルバ2」が3台積みこまれていて、リュウグウの地表などを調べます。またサンプラホーンという装置で、いろいろな物質を採取する予定です。

サンプラホーンで石や砂を採取

ミネルバ2で地表を調査

特別なカメラを使っているから

はやぶさ2には、高性能な望遠カメラや、中間赤外カメラという特別なカメラなどが積みこまれていて、写真をとります。撮影した写真などのデータは、通信装置を使って、地球に送られます。

特別なカメラで撮影した地球

もっと教えてください!!

Q はやぶさ2が行くリュウグウって、どんな小惑星なんですか？

A 地球に近いところにある、地球よりも小さな惑星です。
　地球から近いといっても、はやぶさ2がたどり着くまでに約2年半もかかるほどの距離があります。地球がどのように誕生したのかを研究するのに、とても役に立つ物質がたくさんあると考えられていて、はやぶさ2の探査の目的地に選ばれました。

リュウグウ　約900メートル
東京スカイツリー　634メートル

Q 前回のはやぶさと、はやぶさ2にはどんなちがいがありますか？

A 前回のはやぶさは、宇宙を飛行しているときに、いろいろなトラブルが起きました。そこで、もっと安定した飛行ができるように、イオンエンジンの性能を高めました。また、はやぶさには、着地探査ローバーのミネルバが1台しかありませんでしたが、はやぶさ2は、ミネルバ2を3台積んでいます。

39

コラム
はなれた場所から、ロボットを操作する方法

　20ページでしょうかいした櫻壱號は、通信ケーブルを使って操作することも、通信ケーブルを使わずに操作することもできたね。
　このように、ロボットをはなれたところから操作する方法には、コントローラーとロボットをケーブルでつなぐ方法（有線）と、ケーブルを使わずに、電波や赤外線などでつなぐ方法（無線）の2つがあるよ。

有線ロボット　　　　　　　無線ロボット

有線と無線は、どっちがいいんですか？

どちらにも、いい点と悪い点があって、ロボットを使う場所に合わせて、方法を選ぶよ。
　有線の場合、ケーブルが切れてしまうと、ロボットを操作できなくなってしまうよね。また、長いケーブルを使うと、ケーブルがからまって、ロボットの動きをじゃますることもあるんだ。それにたいして、電波などを使って、無線でロボットとコントローラーをつなぐと、ケーブルがとちゅうでからまったり、切れたりすることはないよね。でも、携帯電話やテレビ放送などの電波がたくさん出ている場所では、電波がじゃまをし合って、ロボットを正しく操作できなくなることもあるんだよ。
　だから、どんな場所で使うロボットなのかに合わせて、無線を使うつくりにするか、有線を使うつくりにするかを判断しなくてはいけないんだ。

パート3

海や宇宙、空でがんばるロボットの未来

海洋探査の未来

まだまだ調べることがたくさんある海の中を、もっとくわしく調べるために、深海探査ロボットや探査船なども、未来では、もっともっと高性能になっていくことでしょう。

人工知能を活用した探査

28ページでしょうかいした、海洋研究開発機構（JAMSTEC）の深海探査ロボット「うらしま」でも、未来には人工知能をつけることで、もっと安全に、そしてもっと正確な海底探査ができるようにしたいという考えがあります。

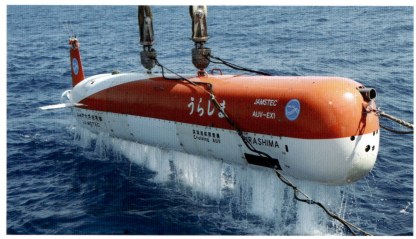

© 国立研究開発法人海洋研究開発機構（JAMSTEC）

もっと深くまでもぐれる潜水調査船

© 国立研究開発法人海洋研究開発機構（JAMSTEC）

もっと深くもぐれるようになるとイイね

現在活やくしている「しんかい6500」は、その名前のとおり、約6500メートルの深海を調査できます。でも、地球で一番深い海は約1万1000メートルで、「しんかい6500」よりも、もっと深くもぐれる調査船の開発を世界中がめざしています。

宇宙開発の未来

36ページでしょうかいした小惑星探査ロボット「はやぶさ2」を開発した宇宙航空研究開発機構（JAXA）では、宇宙開発や航空研究開発などに取り組んでいます。宇宙開発の分野では、近い将来、人間が月に長期滞在して、月の資源を調べるという計画があります。

月の上で、人間がさまざまな活動をするために、それを手助けするロボットも必要になるんだ。そうしたロボットも開発中だよ。

未来では、いろいろなロボットと人間がなかまとしていっしょにはたらくようになる

©JAXA

月の上だけじゃなく、宇宙空間でのいろんな活動でも、未来は、ロボットを使おうと考えてるんだって！

43

ドローン活用の未来

　24ページでしょうかいした「災害救助対応ドローン」は、災害が起きたときの調査や、救助のための道具を運ぶことなどに使われています。でも、ドローンの使いかたはもっといろいろあります。とても近い未来には、ドローンで宅配便が家にとどいたり、まちの中にある監視カメラにかわって、空からまちを見守るなどの活用方法も考えられています。

ドローンで、家に荷物がとどく

　ドローンを使って、家まで荷物や商品をとどけるための実験がすでにはじまっています。千葉県の千葉市では、2019年の実用化をめざしています。

荷物を運ぶ

ドローンで、まちを見守る

　まちの中に設置されたロボットカメラで、わたしたちのくらしは、より安全になりましたが、近い未来では、ドローンを使って空からまちを見守る計画があります。

空から見守る

ドローンで、建物や道路、橋などを点検する

　古くなったビルや、道路、橋などを、ドローンに取りつけた特別なカメラで撮影して、破損の状況などを点検できるようにしようという計画があります。

高いところも点検できる

コラム
まちがまるごとロボットになる!?

先生！まちがまるごとロボットになるって、どういうことですか？

まち中にロボットがいることで、安心できるまちになるんだよ。

　パート3では、海や宇宙、空などで活やくするロボットの未来を見てきたけれど、ここでは、わたしたちのまちの未来を見てみよう。1巻で、「ロボティックルーム」の話をしたね。ロボティックルームは、部屋のあちこちにロボットがいて、人間を手助けしてくれる部屋のことだったけれど、それをまち全体に広げることもできるんだよ。
　2011年に東北地方で大きな地震（東日本大震災）があったことを知っているよね。その大きな地震による災害で、福島県の飯舘村では、多くの人たちがひなんしなければならなくなったんだ。でも、みんな自分の家や村のことをとても心配していたんだ。そこで、村のあちこちにロボットカメラを取りつけて、はなれた場所にひなんしている人たちが、自分の家や村のようすをいつでも見られるようにしたんだよ。
　心配ごとをへらすことができて、みんなにとてもよろこばれたんだ。また、ロボットカメラがしっかり見守っているので、ドロボウの心配もへったよ。
　このように、まちの中にロボットをおくことで、人びとが安心・安全にくらせるようにすることも、ロボット開発の目的のひとつで、いろいろなロボットが人間と協力して、まちを守る未来をめざしているよ。

調べてみよう！

ロボットのことをもっと知りたいな！

ROBOT TOWN SAGAMI さがみロボット産業特区

ホームページ http://sagamirobot.pref.kanagawa.jp/

さがみロボット産業特区

©TEZUKA PRODUCTIONS

「さがみロボット産業特区」では、人びとの生活を支援してくれるロボットの実用化や、それを広めることを目的に、神奈川県を中心に、たくさんの会社などが集まって、ロボットの研究・開発をしているよ。
1巻で取り上げたPALROや、この巻で取り上げているアクティブロボSAM、災害救助対応ドローンも、「さがみロボット産業特区」で研究が進められたんだ。
ロボットについての、楽しい情報がいっぱいあるので、ぜひアクセスして、いろいろ調べてみよう。

さくいん

あ行

- アクチュエーター …… 12,13
- アクティブロボ SAM（サム）
  …… 6,13,16,17,18,19,46
- 油（あぶら） …… 12,13
- 安全（あんぜん） …… 9,16,42,44,45
- イオンエンジン …… 38,39
- ウインチ …… 27
- 宇宙（うちゅう） …2,5,35,36,37,39,43,45
- 宇宙開発（うちゅうかいはつ） …… 35,43
- 宇宙航空研究開発機構（うちゅうこうくうけんきゅうかいはつきこう）（JAXA（ジャクサ））
  …… 36,43
- 海（うみ） …2,5,28,29,30,31,42,45
- うらしま …6,28,29,30,31,42
- XPRIZE（エックスプライズ）財団（ざいだん） …… 35
- エネルギー …… 12,38
- エンジン …… 37,38
- オートパイロット …… 26
- 音波（おんぱ） …… 28,29,30,31

か行

- 外界（がいかい）センサー …… 9
- 海底（かいてい） … 28,29,30,31,42
- 海洋研究開発機構（かいようけんきゅうかいはつきこう）（JAMSTEC（ジャムステック））
  …… 28,31,42
- 学習（がくしゅう） …… 11
- カメラ …… 9,23,25,26,27,
  32,33,35,37,39,44
- がれき …… 16,21,22
- 慣性航法装置（かんせいこうほうそうち） …… 29,30
- 救命具（きゅうめいぐ） …… 24
- 空気（くうき） …… 12,13,19,37
- 空気圧式（くうきあつしき） …… 12,13
- グーグル …… 35
- Google Lunar XPRIZE（グーグル ルナ エックスプライズ） …… 32
- グラウザー …… 34
- クレーター …… 33
- クローラー …… 22
- 計測機械（けいそくきかい） …… 21,23
- 月面探査（げつめんたんさ）ロボット …32,35
- 原子力発電所（げんしりょくはつでんしょ） …… 20
- コントローラー … 17,25,26,40

- コンピュータ …… 11,26,30
- コンピュータチップ …… 11

さ行

- 災害救助対応（さいがいきゅうじょたいおう）ドローン
  …… 6,24,25,26,27,44,46
- 災害現場（さいがいげんば） …2,5,15,16,17,19,
  20,21,23,24,25
- 災害対応（さいがいたいおう）ロボット …… 20
- サイドスキャンソーナー …30,31
- さがみロボット産業特区（さんぎょうとっく） … 46
- 櫻壱號（さくらいちごう） …… 6,20,21,22,23,40
- サンプラホーン …… 38
- サンプル採取装置（さいしゅそうち） …… 38
- 自動体外式除細動器（じどうたいがいしきじょさいどうき）（AED（エーイーディー）） … 25
- 重機（じゅうき） …… 16,17,19
- 重機操作（じゅうきそうさ）ロボット …… 16
- 小惑星（しょうわくせい） …… 36,37,39
- 小惑星探査（しょうわくせいたんさ）ロボット …… 36,43
- 自律型（じりつがた） …… 29
- 深海（しんかい） …… 28,29,42
- 深海探査（しんかいたんさ）ロボット …28,29,31,42
- しんかい 6500 …… 31,42
- 人工筋肉（じんこうきんにく） …… 13,18,19
- 人工知能（じんこうちのう）（AI（エーアイ）） … 10,11,13,42
- スピーカー …… 23,27
- 赤外線（せきがいせん） …… 9,40
- 赤外線（せきがいせん）センサー …… 9,35
- センサー …… 8,9,10,11
- 空（そら） …… 24,27,44,45
- SORATO（ソラト） …… 6,32,33,34,35

た行

- 体内（たいない）センサー …… 8
- 太陽電池（たいようでんち）パネル …… 38
- 探査（たんさ） …… 15,20,21,23,28,29,
  30,31,32,35,36,39,42
- 地球（ちきゅう） …2,28,32,33,34,35,36,
  37,39,42
- 着地探査（ちゃくちたんさ）ローバー …37,38,39
- 超音波（ちょうおんぱ）センサー …… 9
- 通信（つうしん） …… 16,17,23
- 通信（つうしん）ケーブル … 21,22,23,40
- 通信装置（つうしんそうち） …… 37,39

- 月（つき） …… 32,33,34,35,43
- 電磁式（でんじしき） …… 12
- 電磁式（でんじしき）モーター …… 12,13
- 電波（でんぱ） …… 21,23,33,40
- ドローン …… 24,44

な行

- 内界（ないかい）センサー …… 8
- なかま …… 2,5,43
- 燃料（ねんりょう） …… 37,38

は行

- HAKUTO（ハクト） …… 32
- はやぶさ …… 36,37,39
- はやぶさ 2（ツー） …6,36,37,38,39,43
- 人型（ひとがた）ロボット …… 4,13
- プログラム …… 26,30
- 放射能（ほうしゃのう） …… 20,23

ま行

- マイク …… 9,23
- マリアナ海溝（かいこう） …… 31
- マルチビーム音響測深機（おんきょうそくしんき） … 30,31
- ミネルバ …… 39
- ミネルバ 2（ツー） …… 38,39
- 無線（むせん） … 16,17,23,24,27,40
- モーター …… 12,13,34

や行

- 油圧式（ゆあつしき） …… 12,13
- 有線（ゆうせん） …… 40
- 四輪駆動（よんりんくどう） …… 34

ら行

- ラジコンカー …… 12,17
- ラジコン操作（そうさ） …… 19,35
- リュウグウ …… 36,37,38,39
- レゴリス …… 33
- ロボット開発（かいはつ） …… 4,14,45
- ロボットカメラ …… 44,45
- ROBOT TOWN SAGAMI（ロボット タウン サガミ） … 46
- ロボティックルーム …… 45

47

監修
東京大学名誉教授
佐藤知正（さとう・ともまさ）
1976年東京大学大学院工学系研究科産業機械工学博士課程修了。工学博士。研究領域は、知的遠隔作業ロボット、環境型ロボット、地域のロボット。日本ロボット学会会長を務めるなど、長年にわたりロボット研究に携わる。

協力
株式会社ispace
株式会社 日本サーキット
コーワテック株式会社
国立研究開発法人宇宙航空研究開発機構（JAXA）
国立研究開発法人海洋研究開発機構（JAMSTEC）
千葉工業大学　未来ロボット技術研究センター
（敬称略・五十音順）

監修協力
神奈川県産業振興課
（さがみロボット産業特区）

スタッフ
装丁・本文デザイン・DTP	HOPBOX
イラスト	HOPBOX、ワタナベ カズコ、里内 遥
撮影	杉能信介、手塚栄一、谷口弘幸
編集協力	TOPPANクロレ株式会社、有限会社オズプランニング

社会でがんばるロボットたち
2 災害現場や探査でがんばるロボット

2017年12月20日　初版第1刷発行
2025年 1月30日　　第7刷発行

監　修　佐藤知正
発行者　西村保彦
発行所　鈴木出版株式会社
〒101-0051　東京都千代田区神田神保町2-3-1
岩波書店アネックスビル5F
電話／03-6272-8001　FAX／03-6272-8016
振替／00110-0-34090
ホームページ　https://suzuki-syuppan.com/

印刷／株式会社ウイル・コーポレーション
©Suzuki Publishing Co.,Ltd. 2017

ISBN 978-4-7902-3330-5 C8053

Published by Suzuki Publishing Co.,Ltd.
Printed in Japan
NDC500／47p／30.3×21.5cm
乱丁・落丁は送料小社負担でお取り替えいたします